Jihan Hussein
Yasmin Abdel Latif
Mona El-Banna

Kiwis e saúde

Jihan Hussein
Yasmin Abdel Latif
Mona El-Banna

Kiwis e saúde

ScienciaScripts

Imprint
Any brand names and product names mentioned in this book are subject to trademark, brand or patent protection and are trademarks or registered trademarks of their respective holders. The use of brand names, product names, common names, trade names, product descriptions etc. even without a particular marking in this work is in no way to be construed to mean that such names may be regarded as unrestricted in respect of trademark and brand protection legislation and could thus be used by anyone.

Cover image: www.ingimage.com

This book is a translation from the original published under ISBN 978-620-2-07233-5.

Publisher:
Sciencia Scripts
is a trademark of
Dodo Books Indian Ocean Ltd. and OmniScriptum S.R.L publishing group

120 High Road, East Finchley, London, N2 9ED, United Kingdom
Str. Armeneasca 28/1, office 1, Chisinau MD-2012, Republic of Moldova, Europe
Printed at: see last page
ISBN: 978-620-7-77645-0

Conteúdo

Capítulo 1. Introdução

A utilização de plantas na medicina é tão antiga como a história da humanidade. Os sítios arqueológicos mostram plantas para fins curativos, como por exemplo as grutas de Lascaux, em França, que têm entre 15 000 e 27 000 anos (Berger, 2006). Para além disso, a história da medicina herbal parece ter as suas primeiras raízes no reino animal. Existem provas fascinantes de auto-medicação entre os primatas não humanos. Os chimpanzés, bonobos e gorilas engolem folhas específicas e mastigam medulas amargas, quando sofrem de infecções parasitárias. Especula-se que os antigos xamãs e curandeiros aprenderam com os macacos, observando-os enquanto tomavam plantas medicinais. Estas plantas foram depois adoptadas pelas populações humanas locais para fins medicinais (Huffman, 2003). O conhecimento antigo sobre a atividade benéfica de algumas plantas era um privilégio dos xamãs e curandeiros e deu origem ao estabelecimento de medicamentos tradicionais em todo o mundo. Embora muitas formas de medicinas tradicionais tenham sido transmitidas oralmente de geração em geração durante milénios (Kuete e Efferth, 2010; Kuete et al., 2011a&b), também se desenvolveram formas complexas com manuais escritos e sistemas de ensino, por exemplo, na medicina tradicional chinesa, na medicina japonesa Kampo ou na Ayurveda (Efferth et al., 2007a; Efferth, 2008; Konkimalla e Efferth, 2010).

Capítulo 2. Metabolitos secundários das plantas medicinais

Os constituintes químicos das plantas podem ser classificados em metabolitos primários e secundários. Os metabolitos primários têm objectivos nutricionais, por exemplo, açúcares, gorduras e proteínas. Os metabolitos secundários não são essenciais para a sobrevivência direta das células ou organismos. São necessários às plantas como armas contra concorrentes, herbívoros ou agentes patogénicos. Pode parecer trivial, mas as plantas são imóveis e esta circunstância constitui uma desvantagem evolutiva considerável, uma vez que não podem escapar aos ataques dos herbívoros fugindo. Como estratégia de auto-defesa, as plantas começaram a desenvolver vias de biossíntese de compostos nocivos durante a evolução da vida para desencorajar os predadores. Os compostos químicos secundários também assumem o papel do sistema imunitário dos animais. Podem servir como biopesticidas para pro- e eucariotas. Por conseguinte, não é de surpreender que as plantas representem um reservatório valioso para identificar e desenvolver novos pesticidas naturais e biodegradáveis (Sudakin, 2003). No entanto, o espetro de funções dos metabolitos secundários é muito mais vasto. Servem também como substâncias sinalizadoras para atrair animais polinizadores de sementes, protegem outros constituintes químicos das plantas da degradação por processos oxidativos ou protegem as plantas dos efeitos nocivos da luz UV do sol.

Não só existe uma biodiversidade notável na Terra, com cerca de 250 000 espécies de plantas terrestres, como a diversidade química é muito maior. O número de compostos químicos conhecidos na natureza (excluindo as proteínas e os péptidos codificados pelo ADN) foi estimado em pelo menos 200 000. Além disso, apenas uma minoria de 15% de todas as espécies de plantas foi analisada fitoquimicamente até à data (Raskin e Ripoll, 2004; Saklani e Kutty, 2008).

As actividades biológicas dos metabolitos secundários das plantas podem ser classificadas em dois grupos: (1) os que têm uma grande seletividade para alvos celulares e uma elevada bioatividade e (2) os que têm afinidade para múltiplos alvos e bioactividades intermédias ou fracas (Efferth e Koch, 2011). Muitos fitoquímicos pertencem à segunda categoria e actuam em misturas multicomponentes. Os cocktails de diferentes fitoquímicos podem ter vantagens de seleção durante a evolução da vida na terra, uma vez que permitem que as plantas se protejam contra uma grande variedade de predadores sem se adaptarem especificamente a eles antes de ocorrer um primeiro encontro. De facto, 90% de todas as plantas medicinais descritas de forma exaustiva contêm compostos de largo espetro com bioactividades bastante moderadas (van Wyk e Wink, 2004). Têm actividades pleiotrópicas e conduzem a efeitos mensuráveis devido a interacções sinérgicas (Wagner e Ulrich-Merzenich, 2009). As plantas medicinais com fitoquímicos altamente activos podem representar apenas uma minoria. Outra vantagem evolutiva dos fitoquímicos com bioatividade intermédia é que os compostos altamente activos podem também prejudicar as plantas que os produzem. Neste caso, as plantas têm de desenvolver estratégias de proteção específicas contra as suas próprias armas. Uma possibilidade é que a planta gere pró-drogas inactivas que só são activadas após a absorção pelo metabolismo do predador. Outra possibilidade é a produção de moléculas precursoras inactivas que são amadurecidas para compostos activos mediante estímulos adequados. Estas moléculas são interessantes moléculas precursoras para o desenvolvimento de medicamentos clássicos. Exemplos proeminentes são os fármacos anticancerígenos altamente citotóxicos vincristina e vincristina de *Catharanthus roseus.* Os seus precursores, a vindolina e a catatantina, não são ou são apenas fracamente activos (Sertel et al., 2011).

Depois de Friedrich Sertümer ter isolado o primeiro produto natural farmacologicamente ativo, a morfina, da *Papaver somnífera,* há mais de 200 anos, os produtos químicos provenientes da natureza desempenharam um papel enorme na farmacologia e na farmácia. O processo de desenvolvimento de medicamentos durante o último meio século demonstrou que os medicamentos derivados de recursos naturais representam um segmento significativo do mercado farmacêutico, em comparação com os compostos sintetizados aleatoriamente. [th]No século XX, a descoberta da penicilina deu início a um rastreio em massa de microrganismos para a obtenção de antibióticos. [th] No final do século XX, 80% de todos os medicamentos eram produtos naturais ou derivados deles de uma ou outra forma (Li e Vederas, 2009). Das 877 terapêuticas de pequenas moléculas introduzidas entre 1981 e 2002, quase metade era um produto natural, um análogo semissintético de um produto natural ou um composto sintético baseado num farmacóforo derivado de um produto natural. Estima-se que cerca de um quarto de todos os medicamentos nas farmacopeias modernas sejam derivados de plantas (Koehn e Carter, 2005; Newman e Cragg, 2007; Schmidt et al., 2007). O isolamento de novos fitoquímicos bioactivos e a derivatização sistemática destes compostos principais da natureza constituem a base para o desenvolvimento de novas terapias medicamentosas racionais (Efferth, 2006; Efferth et al., 2007a&b; Romero et al., 2007; Fu et al., 2009; Efferth, 2010a & b).

Para além do mercado farmacológico nos países industrializados, até 80% da população dos países em desenvolvimento depende atualmente das plantas medicinais como única fonte de medicação acessível (Mahady, 2001).

Atualmente, a fitoterapia está a experimentar um renascimento nos países industrializados. Uma das razões para esta popularidade crescente é uma maior preferência por produtos naturais em comparação com produtos químicos. A fitoterapia é frequentemente encarada como uma forma de medicina suave, sem efeitos secundários graves. Embora isso possa ser verdade em muitos casos, não se deve esquecer que os venenos mais tóxicos são derivados da natureza. A intenção evolutiva para a produção de metabolitos secundários não é produzir medicamentos suaves para os seres humanos, mas, pelo contrário, defender-se dos ataques de herbívoros e microrganismos. A tarefa da investigação farmacêutica e farmacológica consiste em distinguir entre actividades tóxicas e actividades farmacologicamente valiosas, que podem ser utilizadas para fins terapêuticos. A realização de avaliações de segurança de medicamentos e produtos químicos tem sido, desde há muito, uma questão formidável no desenvolvimento clássico de medicamentos (Waters e Fostel, 2004). Têm de ser aplicadas medidas de segurança comparáveis aos medicamentos à base de plantas. A capacidade de identificar o mecanismo de toxicidade dos tóxicos ambientais ou dos contaminantes tóxicos das ervas medicinais constitui um requisito importante para que a fitoterapia possa recuperar o interesse global nos mercados internacionais da saúde.

Foram documentados na literatura numerosos exemplos de reacções venenosas de ervas (Youns et al., 2010; Efferth e Kaina, 2010 e 2011; Eichhorn et al., 2012). Um caso proeminente de envenenamento por ervas com ácidos aristolóquicos ocorreu em países europeus na década de 1990. As misturas de ervas para emagrecer continham erradamente a venenosa *Aristolochia fangchi,* que contém os ácidos aristolóquicos nefrotóxicos e cancerígenos (Nortier et al., 2000; Arlt et al., 2002). A toxicidade pode ocorrer não só por erro de identificação botânica ou mistura, mas também por contaminação. Os produtos à base de plantas podem estar contaminados com microrganismos, toxinas fúngicas como a aflatoxina, pesticidas e metais pesados, por exemplo, chumbo, cádmio, arsénio, etc. (Efferth e Kaina, 2011). O processamento não profissional, que difere da preparação tradicional segura, representa outra fonte potencial de envenenamento por ervas. Os efeitos indesejados dos produtos à base de plantas podem também desenvolver-se devido à interação das ervas com os medicamentos convencionais após a ingestão concomitante (Kober et al., 2008).

Capítulo 3. Óleos essenciais de plantas aromáticas

Existe uma transição progressiva entre plantas alimentares e plantas medicinais e, frequentemente, não é possível fazer uma distinção clara entre as categorias. As plantas utilizadas principalmente para fins nutricionais podem conter metabolitos secundários com efeitos promotores da saúde e até com potencial terapêutico (Kraft et al., 2009). Por conseguinte, não é de surpreender que as plantas aromáticas também possam ser plantas medicinais, embora as suas aplicações sejam muito mais vastas. Estas plantas contêm óleos essenciais - compostos aromáticos voláteis, que são isolados por destilação. Uma vez que os extractos oleosos destilados representam a "essência" das plantas, foram designados por óleos essenciais. Os óleos essenciais têm inúmeras utilizações na "indústria da beleza", como perfumes, cosméticos ou sabonetes, na indústria alimentar, como aromatizantes de alimentos e bebidas, e na indústria médica. Têm actividades anti-sépticas, antimicrobianas e antivirais (Reichling et al., 2009; Astani et al., 2010 & 2012). Como repelentes de mosquitos, têm potencial para a prevenção da malária (Pohlit et al., 2011). Além disso, revelam uma citotoxicidade considerável para as células cancerígenas (Sertel et al., 2011a; Sertel et al., 2011b; Efferth et al., 2011).

Os óleos essenciais de plantas aromáticas também desempenham um papel importante na aromaterapia. Esta forma de medicina complementar e alternativa é utilizada para a prevenção e o tratamento de certas doenças. Foram sugeridos dois modos de ação diferentes: Um está diretamente relacionado com os efeitos farmacológicos dos óleos essenciais. O outro está mais relacionado com a influência positiva das substâncias aromáticas no sistema límbico do cérebro através do sistema olfativo. Discute-se a utilidade da aromaterapia para o tratamento da dor, da ansiedade, da depressão, da hipertensão, etc. (Yim et al., 2009; Setzer, 2009; Huret al., 2012; Tillett & Ames 2010; Lee et al., 2011; Smith et al., 2011).

Capítulo 4. Perspectivas futuras

Embora a investigação sobre plantas medicinais e aromáticas tenha uma longa tradição, existe uma enorme tarefa para o futuro no sentido de satisfazer os requisitos e as expectativas das gerações vindouras em matéria de cuidados de saúde à base de plantas. Para além das normas de controlo de qualidade, é necessário compreender muito melhor os modos de ação e as interacções sinérgicas. Uma das possíveis armadilhas pode ser o facto de as aplicações e indicações correctas terem de ser exploradas e melhoradas em ensaios clínicos controlados. Exemplos de perspectivas futuras são as chamadas doenças negligenciadas, tais como certas doenças tropicais que são epidemiologicamente importantes, mas que parecem não justificar investimentos privados devido à falta de capacidade de despesa nos respectivos países. Os detractores da fitoterapia argumentam que os medicamentos à base de plantas podem ser ineficazes para essas doenças. Este pressuposto é alimentado pelo facto de os pacientes tomarem obviamente ervas medicinais contra estas doenças amplamente distribuídas, mas os efeitos do tratamento com ervas medicinais deveriam ser mais óbvios e as doenças negligenciadas deveriam estar sob controlo através de ervas medicinais, se estas funcionassem. Obviamente, este parece não ser o caso (Polonio & Efferth 2008; Stoeva & Efferth 2008; Gehrig & Efferth 2008 e 2009; Hupfeld & Efferth 2009).

Por outro lado, há cada vez mais provas de que as plantas medicinais, com a sua panóplia de metabolitos secundários, revelam uma atividade considerável contra os parasitas que causam doenças negligenciadas (Turschner e Efferth 2009; Wohlfarth e Efferth 2009; Bechtle et al., 2010; Nussbaum et al., 2010; Bamberger et al., 2011; Mullner et al., 2011; Schleich et al., 2011). Este paradoxo ilustra a necessidade de investigação sistemática para melhorar e utilizar todo o potencial das ervas medicinais.

Apesar do facto de a medicina tradicional estar na moda e em franca expansão nos dias de hoje (Figura 1) e apesar do enorme potencial das plantas medicinais e aromáticas para combater doenças e perturbações da saúde humana nas próximas décadas, existe uma série de questões que vão desde o conhecimento tradicional sobre as plantas medicinais e aromáticas até à sua utilização mais globalizada no futuro e à realização de todo o potencial das plantas medicinais e aromáticas (Efferth, 2011).

A colheita excessiva de ervas medicinais e aromáticas do meio natural pode contribuir para a extinção dessas espécies. Se as populações indígenas aprenderem métodos de cultivo e colheita controlados de plantas medicinais e aromáticas, o cultivo sustentado não só garantirá o rendimento das pessoas, como também evitará a extinção de espécies vegetais ameaçadas. Para além das plantações e do cultivo em estufa, a criação de bancos de sementes, de germoplasma e de ADN pode ajudar a conservar espécies vegetais ameaçadas. Um exemplo intrigante é o primeiro banco nacional de sementes de plantas selvagens da China, no Instituto de Botânica de Kunming, que contém cerca de 30 000 sementes.

As plantas medicinais e aromáticas têm de ser corretamente identificadas, uma vez que as plantas erradamente identificadas podem conter ingredientes venenosos. Para além da identificação botânica clássica de espécies e subespécies, a autenticação de plantas medicinais através de códigos de barras de ADN constitui uma técnica nova e atractiva, por exemplo, métodos baseados na reação em cadeia da polimerase com base em sítios variáveis do espaçador interno transcrito (ITS) do ADNr. Estas técnicas não servem apenas para a identificação correcta do material vegetal, mas são também utilizadas para realizar estudos de taxonomia molecular (Heubl, 2010).

A qualidade das ervas aromáticas e das ervas medicinais difere muito entre os fornecedores, tanto no que diz respeito aos teores de fitoquímicos como às contaminações tóxicas. Por conseguinte, são urgentemente necessárias normas para o controlo da qualidade. As preparações à base de plantas devem ser produzidas de acordo com as directrizes internacionais de qualidade, como as Boas Práticas de Abastecimento (BPF) para garantir a autenticação das plantas medicinais, as Boas Práticas Agrícolas (BPA), as Boas Práticas de Laboratório (BPL) e as Boas Práticas de Fabrico (BPF). O processamento de produtos à base de plantas deve ser normalizado e o teor de fitoquímicos bioactivos deve ser monitorizado através de análises cromatográficas de impressões digitais (Sertel et al., 2010).

Outra tarefa do controlo de qualidade é evitar a contaminação dos produtos à base de plantas com micotoxinas, pesticidas, metais pesados ou outras toxinas químicas. As receitas de ervas intencionalmente falsificadas com adulteração de medicamentos da medicina ocidental, por exemplo, com glucocorticóides ou inibidores da ECA, têm de ser proibidas (Efferth et al., 2008).

Outro desafio para a investigação futura sobre plantas medicinais e aromáticas é a elucidação dos modos de ação pleiotrópicos de ingredientes individuais de plantas e, mais ainda, de misturas complexas de ervas. As técnicas recentemente emergentes da biologia de sistemas, como a genómica, a transcriptómica e a metabolómica, bem como a sua avaliação por ferramentas bioinformáticas, representam uma nova área na investigação sobre plantas medicinais e aromáticas (Kuete & Efferth 2011). Esta pode ser uma abordagem eficaz para a avaliação exaustiva da eficácia e das qualidades das plantas medicinais e aromáticas.

Os frutos são vários grupos de alimentos vegetais que são uma dádiva maravilhosa para a humanidade. São uma excelente fonte de vitaminas, minerais, açúcares simples, fibras alimentares solúveis, muitos fitonutrientes, fitoestrogénios, agentes anti-inflamatórios e anti-oxidantes. Os frutos são pobres em calorias e gorduras. A ingestão de fibras está associada à redução do colesterol e das gorduras do corpo, reduzindo assim a incidência de doenças cardiovasculares e obesidade. Ajuda a suavizar os movimentos intestinais e a aliviar os problemas de obstipação. Os compostos anti-oxidantes, como os flavonóides polifenólicos, a vitamina C e as antocianinas, ajudam o corpo humano a proteger-se do stress oxidante, das doenças, eliminam os radicais livres do corpo e, assim, oferecem proteção contra o cancro, o envelhecimento, as infecções, etc., e desenvolvem a capacidade de lutar contra estas doenças, aumentando o nosso nível de imunidade. Os benefícios nutricionais da fruta são enormes, incluindo a proteção de doenças menores, como o enrugamento da pele, a queda de cabelo e a perda de memória, e de doenças maiores, como a degeneração macular da retina relacionada com a idade, a doença de Alzheimer, os cancros do cólon, os ossos fracos (osteoporose), etc. Neste artigo, são abordadas as diferentes variedades de frutos disponíveis, os níveis de nutrição disponíveis em vários frutos, os benefícios para a saúde dos nutrientes dos frutos e os benefícios de cada fruto (Kandasamy e Shanmugapriya, 2015).

Capítulo 5. Nutrição disponível nos frutos

A fruta fresca é tipicamente constituída por 75 a 95 por cento de água, um facto que ajuda a explicar o carácter refrescante dos alimentos. Em geral, a fruta é ácida, com um pH que varia entre 2,5 e 4,5. Os ácidos mais comuns nos frutos são o ácido ascórbico, o ácido cítrico, o ácido málico e o ácido tartárico. É mais provável que uma variedade de frutos produza uma maior ingestão de nutrientes. A maioria dos frutos é uma excelente fonte alimentar de vitaminas A, C, E, K e vitaminas do complexo B, como a tiamina (B1), a riboflavina (B2), a niacina (B3), os folatos (B4), o ácido pantoténico (B5) e a piridoxina (B6). São compostas por flavonóides antioxidantes como o caroteno, licopeno, cripto-xantina, luteína-zeaxantina e compostos polifenólicos. São uma excelente fonte de fibra alimentar, bem como de minerais como o sódio, o potássio, o fósforo, o ferro, o cobre, o cálcio, o manganésio, o magnésio e o zinco. Os frutos frescos são bastante baixos em calorias porque contêm muita água e pouca gordura. No entanto, a adição de açúcar aos frutos enlatados e congelados aumenta consideravelmente as calorias.

Capítulo 6. Benefícios para a saúde dos diferentes nutrientes disponíveis nos frutos

A fibra alimentar funciona como um laxante em massa. Evita a absorção do colesterol LDL no intestino, ajuda a regular os movimentos intestinais e ajuda a proteger a membrana mucosa do cólon de substâncias químicas causadoras de cancro. A fibra ajuda a apoiar a saúde digestiva e a reduzir os problemas de obstipação. A fibra solúvel pode ajudar a manter os níveis de açúcar no sangue estáveis. A fibra pode manter o estômago cheio durante um período de tempo mais longo e reduzir o desejo ou a necessidade de comer mais alimentos, ajudando na perda de peso. Ajuda a reduzir o colesterol no sangue, a obesidade e a diabetes (Kandasamy e Shanmugapriya, 2015).

A vitamina C é um poderoso antioxidante natural. Protege do stress oxidativo e aumenta a função do sistema imunitário. É importante para o crescimento e reparação de todos os tecidos do corpo. É necessária para a síntese de colagénio no organismo. O colagénio é a principal proteína estrutural do corpo humano, necessária para manter a integridade dos vasos sanguíneos, da pele, dos órgãos e dos ossos. Aumenta a imunidade para proteger contra doenças comuns como a tosse, a constipação, a gripe e é eficaz para prevenir e curar a anemia. Ajuda a curar cortes e feridas, mantém os dentes e as gengivas saudáveis (Kandasamy e Shanmugapriya, 2015).

A vitamina A é importante para uma visão normal dos olhos, para o bom funcionamento do sistema imunitário, para a reprodução e para a manutenção de uma pele saudável, das mucosas, dos dentes e dos tecidos esqueléticos e moles. Ajuda a proteger contra os cancros do pulmão, do fígado e da cavidade oral (Kandasamy e Shanmugapriya, 2015).

A vitamina E protege os ácidos gordos e as membranas celulares do ataque dos radicais livres, o que permite ao organismo combater os sinais de envelhecimento da pele, como a perda de elasticidade e as rugas. É popular pela ligação entre o desejo sexual (Kandasamy e Shanmugapriya, 2015).

A vitamina K é essencial para muitos factores coagulantes no sangue, bem como para o metabolismo ósseo.

As vitaminas do grupo do complexo B, como a riboflavina, a tiamina, a niacina, o ácido pantoténico, os folatos e a piridoxina (vitamina B6), actuam como cofactores que ajudam o organismo a metabolizar os hidratos de carbono, as proteínas e as gorduras. Estas vitaminas podem ajudar a regular o risco de doenças cardíacas. O folato (ácido fólico) ajuda o organismo a formar glóbulos vermelhos (Kandasamy e Shanmugapriya, 2015).

Os antioxidantes protegem as células nervosas causadas pelo stress oxidativo, o que acaba por prevenir o risco de doenças neurodegenerativas como o Parkinsonismo e a doença de Alzheimer. Os antioxidantes polifenólicos têm sido associados a reduções das doenças cardíacas (Kandasamy e Shanmugapriya, 2015).

Um antioxidante conhecido como tanino possui propriedades anti-inflamatórias, anti-hemorrágicas e anti-infecciosas. Os flavonóides antioxidantes, como o 0-caroteno, a cripto-xantina e a luteína-zeaxantina, têm a capacidade de proteger as células e os cancros do cólon, da próstata, da mama, do endométrio, do pulmão, do fígado e do pâncreas. A luteína reduz o risco de degenerescência macular e de cataratas. As propriedades desintoxicantes dos flavonóides estimulam o processo de cicatrização das úlceras pépticas e orais. O caroteno ajuda a proteger contra os cancros do pulmão e da cavidade oral. Os carotenóides e as xantofilas protegem a visão dos danos relacionados com o envelhecimento (Kandasamy e Shanmugapriya, 2015).

Durante muitos anos, os estudos epidemiológicos evidenciaram uma forte correlação negativa entre o consumo de frutas e legumes e a incidência de doenças degenerativas, tais como numerosas formas de cancro (Block et al, 1992), as doenças cardiovasculares (Ness e Powles, 1997) e outras doenças, incluindo a degenerescência macular relacionada com a idade (Goldberg et al., 1988), as cataratas (Mares-Perlman et al., 1995), a bronquite, a asma, as úlceras pépticas, os cálculos biliares, a cirrose hepática, os cálculos renais e a artrite (La Vecchia et al., 1998).

Uma sugestão para os efeitos protectores das dietas ricas em frutas e legumes é o seu elevado teor de fitoquímicos antioxidantes, que se propõe protegerem biomoléculas vitais como o ADN, as proteínas e os lípidos da oxidação causada pela produção de radicais livres tanto no metabolismo normal como em condições de stress. Com o tempo e com uma reparação insuficiente, propõe-se que os danos causados pela oxidação molecular resultem em doenças (Diplock et al., 2003).

Recentemente, a consulta de peritos da Organização Mundial de Saúde sugeriu o consumo de pelo menos 400 g de frutas e legumes por dia para minimizar o risco de doenças crónicas (OMS/FAO, 2003). Os sumos de fruta podem dar um contributo importante para o consumo de fruta e legumes (Henderson et al., 2002). Além disso, vários estudos de intervenção demonstraram uma melhoria do estado antioxidante após o consumo de sumos de fruta (Netzel et al., 2002; Bub et al., 2003; Garcia-Alonso et al., 2006; McGhie et al., 2007).

No entanto, nos últimos anos tem-se verificado um maior ceticismo relativamente à hipótese dos antioxidantes, com vários ensaios de intervenção a sugerirem que a suplementação com antioxidantes pode ter efeitos adversos (Selman et al., 2006; Ristow et al., 2009) e uma revisão sistemática recente a sugerir que a suplementação com antioxidantes pode aumentar a mortalidade por todas as causas (Bjelakovic et al., 2007). Como resultado destas descobertas, os investigadores estão agora a começar a concentrar-se em mecanismos de proteção não relacionados com a capacidade antioxidante in vitro dos fitoquímicos (Hancock et al., 2007; Stevenson e Hurst, 2007).

O kiwi é originário do centro-norte e do leste da China.[1] A primeira descrição registada do kiwi data do século XII na China, durante a dinastia Song. No início do século XX, o cultivo do kiwi difundiu-se da China para a Nova Zelândia, onde se efectuaram as primeiras plantações comerciais. Embora o kiwi seja um fruto nacional da China, até há pouco tempo, a China não era um grande país produtor de kiwi, uma vez que este era tradicionalmente colhido na natureza.

O fruto tornou-se popular entre os militares americanos estacionados na Nova Zelândia durante a Segunda Guerra Mundial e, mais tarde, foi exportado para a Califórnia com os nomes de "groselha chinesa" e "melonette". (Morton, 2011) Em 1962, os produtores neozelandeses começaram a chamar-lhe "kiwis" para o tornar mais apelativo no mercado, e uma importadora californiana chamada Frieda Caplan utilizou posteriormente esse nome quando introduziu o fruto no mercado.

Os kiwis podem ser consumidos crus, transformados em sumos, utilizados em produtos de pastelaria, preparados com carne ou utilizados como guarnição. (Morton, 2011) O fruto inteiro, incluindo a casca, é adequado para consumo humano; no entanto, a casca é frequentemente descartada devido à sua textura.

Cultivares

Kiwis dourados com um anel vermelho

O género *Actinidia* contém cerca de 60 espécies. Embora a maioria dos kiwis sejam facilmente reconhecidos como kiwis (devido à forma básica), os seus frutos são bastante variáveis. A casca do fruto varia em tamanho, forma, pilosidade e cor. A polpa varia em termos de cor, suculência, textura e sabor. Alguns frutos são intragáveis, enquanto outros têm um sabor consideravelmente melhor do que a maioria das variedades comerciais (Morton, 2011).

O kiwi mais comum é o kiwi felpudo, da espécie *A. deliciosa.* Outras espécies que são comumente consumidas incluem o kiwi dourado *(A. chinensis),* a groselha chinesa (*A. coriacea), o kiwi* bebé (*A. arguta), o* kiwi ártico (*A. kolomikta), o* kiwi vermelho *(A. melanandra), a* videira prateada *(A. polygama),* o kiwi roxo *(A. purpurea).* (Ferguson, 1999).

O kiwi contém numerosos fitonutrientes, bem como vitaminas e minerais bem conhecidos que promovem a saúde. Contém também muita glucose e frutose e uma pequena quantidade de sacarose. Contém níveis muito bons de vitamina A, vitamina E, vitamina K e anti-oxidantes flavonóides como o beta-caroteno, a luteína e a xantina.

Alguns estudos revelaram que doenças como a asma, a tosse e a diabetes registaram melhorias positivas com o consumo diário de kiwi. Tem mais potássio do que uma banana ou citrinos. Muitos estudos demonstraram que contém muitos compostos medicinais úteis, que podem ser benéficos no tratamento de perturbações do sono. Comummente Algumas variedades de kiwi encontradas na China têm um forte efeito anti-mutagénico. Além disso, estes frutos têm o efeito de aumentar a função imunitária (Tyagi, et al., 2015).

Para melhorar os efeitos dos cuidados de saúde do kiwi, a retirada dos componentes eficazes, por exemplo, isoflavonas anticancerígenas, ácidos orgânicos, polissacáridos e oligoelementos, através da formulação e de experiências científicas para produzir produtos/bebidas funcionais de cuidados de saúde, pode melhorar todo o sistema defensivo anticancerígeno (Tyagi, et al., 2015).

Motohashi et al. (2002) descobriram que o kiwi contém uma série de materiais bioactivos anticancerígenos valiosos que são pró-oxidantes (em concentrações mais elevadas) e antioxidantes (em concentrações mais baixas), bem como têm atividade selectiva de tumores, citotóxica e antimicrobiana.

Armazenamento

Os frutos colhidos quando firmes amadurecem quando armazenados corretamente durante longos períodos. Isto permite que os frutos sejam enviados para o mercado até 8 semanas após a colheita (Morton, 2011).

Os kiwis firmes amadurecem após alguns dias a uma semana quando armazenados à temperatura ambiente, mas não devem ser mantidos à luz solar direta. O amadurecimento é mais rápido quando colocado num saco de papel com uma maçã, pera ou banana (The UK Food Guide, 2013). No entanto, uma vez maduro, o kiwi conserva-se de forma ideal se for armazenado longe de outros frutos, uma vez que é muito sensível ao gás etileno que estes podem emitir, tendo assim tendência a amadurecer demasiado, mesmo no frigorífico. Se armazenados adequadamente, os kiwis maduros conservam-se normalmente durante cerca de uma a duas semanas (The UK Food Guide, 2013).

Maturação e colheita

O kiwi é colhido à mão e cultivado comercialmente em estruturas de apoio robustas, uma vez que pode produzir várias toneladas por hectare, mais do que as vinhas, que são bastante fracas, conseguem suportar. Estas estruturas estão geralmente equipadas com um sistema de rega para irrigação e proteção contra as geadas na primavera.

As videiras de kiwis requerem uma poda vigorosa, semelhante à das videiras. Os frutos nascem nas canas de um ano e nas mais velhas, mas a produção diminui à medida que cada cana envelhece. As canas devem ser podadas e substituídas após o seu terceiro ano. No hemisfério norte, os frutos amadurecem em novembro, enquanto no hemisfério sul amadurecem em maio. As plantas com quatro anos de idade podem produzir até 14.000 lbs por acre, enquanto as plantas com oito anos de idade podem produzir 18.000 lbs por acre. As plantas produzem o seu máximo aos 8 a 10 anos de idade. Os rendimentos sazonais são variáveis; uma colheita abundante numa videira numa estação é geralmente acompanhada de uma colheita ligeira na estação seguinte (Morton, 2011).

Nutrição

Um kiwi de tamanho médio (76 gramas) fornece 46 calorias, 0,3 g de gordura, 1 g de proteína, 11 g de hidratos de carbono e 2,6 g de fibra alimentar que se encontra parcialmente na casca comestível.[37] O kiwi é uma fonte rica de vitamina C (112% do valor diário por 100 gramas) e vitamina K, e uma boa fonte de fibra alimentar e vitamina E (tabelas de nutrientes, à direita) (USDA National Nutrient Database, 2012; Produce for Better Health Foundation. 2015).

O óleo de sementes de kiwi contém em média 62% de ácido alfa-linolénico, um ácido gordo ómega 3. A polpa do kiwi contém carotenóides, como a provitamina A beta-caroteno (Kim et al., 2010), luteína e zeaxantina (Sommerburg et al., 1998).

Alergias

A actinidaína encontrada no kiwi pode ser um alergénio para alguns indivíduos, incluindo crianças (Le et al., 2013). Os sintomas mais comuns são comichão desagradável e dor na boca, sendo a respiração ofegante o sintoma grave mais comum; pode ocorrer anafilaxia (Lucas et al., 2003).

Saúde da pele

É uma boa fonte de vitamina C, que é um nutriente essencial que actua no nosso corpo como um antioxidante para ajudar a prevenir os danos causados pelo sol, poluição e fumo, suavizar as rugas, manter a pele jovem, vibrante e melhorar a textura geral da pele. É também uma boa fonte de vitamina E, que torna a pele macia e húmida e protege a pele da degeneração. As vitaminas também ajudam na regeneração das células, o que, por sua vez, torna a pele jovem e flexível. A vitamina C é responsável pela formação de colagénio. O colagénio é uma proteína conectiva que repara a pele e mantém a pele firme e flexível, ajudando-a a recuperar de cortes e feridas e a prevenir a pele áspera e seca. Também é rico em antioxidantes e vitamina E, que são essenciais para uma pele saudável e brilhante. O kiwi contém aminoácidos que protegem a pele dos danos causados pelo sol. O kiwi está repleto dos necessários óleos nutricionais ómega 3, ácido alfa-linoleico e vitamina E, que regeneram as células saudáveis da pele. Está bem estabelecido que alguns polifenóis, administrados como suplementos alimentares, melhoram de facto o estado de saúde (Yamazaki et al., 2000).

Outro estudo realizado por Goudarzi et al. (2015) avaliou o efeito do curativo de kiwi na cicatrização de feridas cutâneas em ratos. Os resultados obtidos neste estudo fornecem algumas evidências para apoiar o uso de kiwis para acelerar a cicatrização de feridas.

Saúde dos ossos

O folato, o magnésio e a vitamina E estão todos bem representados no kiwi, oferecendo benefícios para a saúde que vão desde a formação óssea. A vitamina K também tem um papel potencial no aumento da massa óssea, promovendo a atividade osteotrófica no osso.

Um estudo efectuado por (Tousen et al., 2013) investigou os efeitos sinérgicos da daidzeína (Dz) e do kiwi na produção óssea e de equol em ratos ovariectomizados (OVX). Este estudo concluiu que a suplementação com kiwis não afectou as concentrações urinárias de equol, as proporções urinárias de equol para Dz e a composição da microbiota cecal. Estes resultados sugerem que a combinação de Dz e GRK pode reduzir ligeiramente a perda óssea causada pela deficiência de estrogénio, mas não afecta a produção de equol.

Saúde cardiovascular

A fibra e o potássio presentes nos kiwis contribuem para a saúde do coração. A fibra pode reduzir os níveis elevados de colesterol, o que pode reduzir o risco de doença cardíaca e ataque cardíaco. O mau estado do magnésio está associado a doenças cardíacas, enfarte do miocárdio e hipertensão. O kiwi fresco é uma fonte muito rica de "potássio", um eletrólito saudável para o coração. 100 g contém 312 mg ou 7 por cento de eletrólito. Um aumento da ingestão de potássio, juntamente com uma diminuição da ingestão de sódio, é a mudança alimentar mais importante que uma pessoa pode fazer para reduzir o risco de doenças cardiovasculares. O potássio é um componente importante dos fluidos celulares e corporais que ajuda a regular o ritmo cardíaco, contrariando os efeitos maléficos do sódio. As sementes de kiwi são uma excelente fonte de ácidos gordos ómega 3. Vários estudos mostram que o consumo de alimentos ricos em ácidos gordos ómega 3 pode reduzir o risco de doenças coronárias e acidentes vasculares cerebrais. O folato, o magnésio e a vitamina E também reduzem o risco de doenças cardíacas.

Um estudo realizado por (Middlemiss et al., 2014) teve como objetivo medir o efeito da suplementação diária de isoflavonas a curto prazo, isoladamente ou com a adição de kiwis verdes, nos marcadores bioquímicos da reabsorção óssea, na desoxipiridinolina urinária, no telopeptídeo C-terminal reticulado do colagénio tipo I no plasma e na osteocalcina subcarboxilada no plasma em mulheres caucasianas na pós-menopausa. Um objetivo secundário foi medir o efeito das isoflavonas e do kiwi no perfil lipídico do soro. Além disso, a produção de equol foi determinada nesta população e avaliada como um efeito principal. Concluiu-se que uma dose de isoflavona aglicona de 50 mg/dia não reduziu a reabsorção óssea nas mulheres pós-menopáusicas deste estudo. O consumo de kiwis diminuiu os níveis plasmáticos de osteocalcina subcarboxilada, possivelmente devido ao teor de vitamina K do kiwi verde; no entanto, outros componentes bioactivos do kiwi podem ter modulado este efeito. O tratamento com isoflavona inibiu um declínio no colesterol sérico de lipoproteínas de alta densidade em produtores de equol e teve um efeito sinérgico com o kiwi, que aumentou este parâmetro. O equol e o carotenoide luteína do kiwi verde podem potencialmente modular a inflamação sistémica. O kiwi pode ter um efeito prebiótico nos produtores de equol, tal como demonstrado pelo aumento do rácio logarítmico entre a daidzeína e o equol, mas isto requer um estudo mais aprofundado. Este subgrupo de produtores de equol era demasiado pequeno para detetar uma alteração nos marcadores de reabsorção óssea. No entanto, são necessários estudos maiores a longo prazo para delinear os efeitos esqueléticos e cardiovasculares das isoflavonas e da produção de equol em mulheres na pós-menopausa.

O kiwi é uma boa fonte de polifenóis protectores, juntamente com vitamina C, vitamina E e potássio. Estes são eficazes na manutenção da saúde cardiovascular. O Kiwi exerce actividades inibidoras que ajudam na redução dos triglicéridos no sangue.

Saúde do cabelo

A fruta é rica em minerais como o zinco, o magnésio e o fósforo, que melhoram o crescimento do cabelo e aumentam a circulação sanguínea. Também contém vitamina C e E, que ajuda a reduzir a queda do cabelo. O óleo de semente de kiwi contém ácidos gordos ómega 3 que evitam que o cabelo perca a sua humidade.

O kiwi é rico em cobre, que ajuda o cabelo a preservar a sua cor natural e também o protege do envelhecimento prematuro. O teor de ferro do fruto ajuda a nutrir o cabelo e também promove uma circulação sanguínea adequada no couro cabeludo. Assim, fortalece o cabelo desde a raiz.

Saúde ocular/Degenerescência macular

O kiwi é rico em fitoquímicos oxantofilas e, especialmente, num subcomponente, a luteína. Sabe-se que a luteína se acumula na retina do olho. O Kiwi contém o fitoquímico luteína. A luteína é uma vitamina carotenoide que pode prevenir a cegueira relacionada com a idade.

O corpo não consegue sintetizar a luteína; por isso, é especialmente importante ingerir muitos alimentos que contenham luteína, como o kiwi. Aptidão física: Contém uma grande variedade de minerais, o que é essencial para repor os minerais perdidos durante o exercício, especialmente em ambientes quentes.

Na China, uma bebida desportiva à base de kiwi foi concebida para superar o treino atlético num ambiente quente, onde grandes quantidades de minerais podem ser perdidas no suor.

Saúde das mulheres grávidas

É uma boa fonte de folato (vitamina B6), que é benéfico para as mulheres grávidas porque ajuda no desenvolvimento do feto, tornando-o saudável. Também é considerado bom para as crianças em crescimento.

Coagulação sanguínea e absorção de vitamina D

O kiwi é uma fonte de vitamina K, que ajuda na coagulação do sangue e na absorção da vitamina D.

Dormir melhor

O kiwi é uma fonte de serotonina que ajuda a promover um sono melhor. O consumo de kiwi pode também ajudar a melhorar o início do sono e a reduzir o tempo de despertar após o início. O consumo de kiwi também proporciona alívio dos distúrbios do sono. A casca do kiwi é um ingrediente potente para o desenvolvimento de soníferos naturais.

Depressão

O inositol, presente no kiwi, funciona como um precursor de um sistema intracelular de segundo mensageiro, podendo ser benéfico no tratamento da depressão.

Anemia

O consumo deste fruto facilita a absorção de ferro, o que ajuda a prevenir a anemia.

Redução de pedras

A ingestão elevada de potássio também está associada à redução da formação de cálculos renais. O magnésio contido na fruta também diminui o risco de pedras nos rins.

Tensão arterial

Devido ao seu elevado teor de potássio, os kiwis podem ajudar a anular os efeitos do sódio no organismo. É possível que uma baixa ingestão de potássio seja um fator de risco tão grande para o desenvolvimento de pressão arterial elevada como uma ingestão elevada de sódio. O cobre também é um mineral envolvido na produção de glóbulos vermelhos e no desenvolvimento de um sistema imunitário forte.

Um estudo realizado por Svendsen et al. (2014) examinou os efeitos da adição de kiwis à dieta habitual na PA ambulatória de 24 horas, na PA de consultório e na função endotelial. Concluiu que, entre homens e mulheres com PA moderadamente elevada, a ingestão de três kiwis estava associada a uma PA sistólica e diastólica de 24 horas mais baixa em comparação com uma maçã por dia. Este efeito pode ser regulado por outros mecanismos que não a melhoria da função endotelial.

Cancro

O consumo de kiwis actua contra o cancro ao ser citotóxico para as células cancerígenas malignas sem afetar as células normais e saudáveis. A grande quantidade de fibra alimentar presente no kiwi ajuda a diminuir a probabilidade de cancro do cólon. Foi demonstrado que o kiwi contém um componente antimutagénico, ajudando a prevenir as mutações dos genes que podem iniciar o processo de cancro.

Contém catequina, um fitoquímico que ajuda a reduzir a toxicidade dos agentes anticancerígenos, estimulando a proliferação da medula óssea. A luteína, um importante fitoquímico encontrado no kiwi, tem sido associada à prevenção do cancro da próstata e do pulmão. A presença de glutatião pode ser responsável pela redução. A composição bioquímica do kiwi, como a abundância de antioxidantes, carotenóides, vitaminas e fibras, é eficaz na prevenção ou cura de cancros.

Um estudo de Kang et al. (2012) investigou os efeitos anti-oxidantes do extrato de kiwi na lesão hepática induzida por tetracloreto de carbono (CCl_4) em ratos BALB/c.

Concluiu-se que o extrato de kiwi mostrou efeitos protectores, não só como efeitos anti-oxidantes, mas também na proteção da hepatotoxicidade em ratos intoxicados com CCl4.

Diabetes

O kiwi tem um baixo índice glicémico, o que o torna adequado para os indivíduos com diabetes. Além disso, os alimentos ricos em fibras, como o kiwi, são bons para manter sob controlo os níveis de açúcar no sangue dos doentes diabéticos. "Aqui resumimos que algumas das propriedades significativas para a saúde deste fruto tornam-no num fruto superior, pelo que o seu consumo pode ser útil na prevenção e deterioração de muitas doenças. Este fruto é o fruto mais denso em nutrientes que queremos comer mais frequentemente, para uma melhor saúde". (Tyagi, et al., 2015).

Um estudo anterior examinou os efeitos da metionina e do pó de kiwi nas lesões hepáticas induzidas pelo paracetamol. Quarenta ratos albinos brancos machos adultos (estirpe Wistar) foram divididos aleatoriamente em cinco grupos (8 ratos cada). O primeiro grupo foi mantido como controlo negativo. Aos restantes ratos foi administrado paracetamol para induzir lesões hepáticas e classificados em grupos de controlo positivo e grupos tratados que eram grupos de metionina, pó de kiwi e pó de kiwi com metionina (Nagib, 2013).

A atividade hepática das enzimas aspartato e alanina aminotransferase (AST, ALT), da fosfatase alcalina (ALP) e da gama glutamil transferase (yGT), bem como a bilirrubina total, as proteínas totais, a albumina e a globulina foram determinadas no soro. Foram estimados os parâmetros dos lípidos hepáticos (colesterol, lípidos totais, triglicéridos e glicogénio), as enzimas antioxidantes hepáticas (superóxido dismutase, SOD, glutatião peroxidase, GPX, glutatião S- transferase, GST e catalase).

A administração de paracetamol mostrou uma diminuição significativa dos resultados nutricionais, das enzimas antioxidantes hepáticas, dos triglicéridos hepáticos e do glicogénio hepático, mas mostrou um aumento significativo das enzimas dos parâmetros da função hepática e renal e do MDA, tal como se verificou no grupo de controlo positivo. Os grupos de ratos com lesões hepáticas que foram alimentados com uma dieta contendo metionina ou pó de kiwi ou metionina com pó de kiwi tiveram um aumento significativo do ganho de peso corporal, da ingestão de alimentos e do rácio de eficiência alimentar (FER) em comparação com os ratos do grupo de controlo positivo (Nagib, 2013).

Este estudo concluiu que o consumo de metionina com pó de kiwi mostrou uma melhoria significativa das enzimas da função hepática, das enzimas antioxidantes hepáticas e do padrão lipídico hepático em comparação com os ratos do grupo de controlo positivo, o que pode dever-se ao aumento dos mecanismos antioxidantes endógenos (Nagib, 2013).

Foi realizado outro estudo para investigar o efeito do consumo de kiwi sob a forma de pó, extrato aquoso e metanólico no stress oxidativo induzido pelo bromato de potássio em ratos experimentais (Ali e Al-Firdous, 2012).

Este estudo concluiu que os resultados nutricionais e bioquímicos estavam de acordo com o facto de que os micronutrientes antioxidantes podem ser responsáveis pelos efeitos benéficos dos frutos na saúde humana. O consumo de fruta diminui os danos oxidativos no ADN das células humanas. O kiwi é rico em muitos flavonóides e minerais como o potássio, o fósforo, o magnésio, o cálcio e o cobre. Juntamente com os minerais, fornece vitaminas como a vitamina A, vitamina C, folato, vitamina B2 e vitamina E. Em particular, contêm uma quantidade elevada de vitamina C (mais do que as laranjas), tanto potássio como as bananas e uma boa quantidade de beta-caroteno (Maillar 1998). A vitamina C é um antioxidante solúvel em água que comprovadamente protege o corpo dos radicais livres, melhorando drasticamente a saúde dos indivíduos que a consomem regularmente contra todos os tipos de doenças, desde problemas cardiovasculares a cancro e obesidade. Está provado que a vitamina E tem efeitos semelhantes, mas é lipossolúvel e, por isso, é complementar à vitamina C nas suas funções. O organismo absorve os antioxidantes presentes no kiwi de forma mais eficaz do que noutros frutos ricos em antioxidantes (Collins et al., 2001 e Hunter et al., 2011).

O kiwi está repleto dos necessários óleos nutricionais ómega 3, ácido alfa-linoleico e vitamina E, que regeneram as células saudáveis da pele. Está bem estabelecido que alguns polifenóis, administrados como suplementos alimentares, melhoram o estado de saúde, e isto é indicado por vários biomarcadores de risco cardiovascular (Yamazaki et al., 2000). A atividade antioxidante dos kiwis tratados aumentou durante o amadurecimento e o tratamento com etileno. A quantidade de outras substâncias bioactivas, incluindo a vitamina C, foi influenciada, bem como a atividade antioxidante global (Yong Seo et al., 2009).

Os extractos aquosos ou de etanol a 70% de kiwis mostraram actividades antioxidantes em todas as concentrações. Na concentração de 50 mg/ml, os extractos aquosos e de etanol a 70% mostraram actividades de eliminação do radical a,a -difenil-b - picrilhidrazil (DPPH). A atividade fibrinolítica do kiwi também foi observada a uma concentração elevada de 100 mg/ml em ambos os extractos aquosos e 70% EtOH. A atividade antioxidante total na emulsão de ácido linoleico foi de 85-88% a 10 mg/ml e 96-98% a 50 mg/ml de extrato de kiwi (Kyung-Ah et al., 2005 e Bekhradnia et al., 2011).

Trato gastrointestinal

Saúde digestiva: O kiwi contém uma boa quantidade de actinidina, uma enzima proteolítica que melhora a digestão das proteínas e pode ajudar a digerir uma refeição, tal como a papaína da papaia ou a bromelaína do ananás. Facilita o tráfego suave através do sistema digestivo. Evidências clínicas (Malagelada e Malagelada 2010) apoiam a hipótese de que, para algumas pessoas, o consumo de kiwis (Actinidia deliciosa, variedade Hayward) alivia os sintomas de distúrbios gastrointestinais (GI), tais como indigestão, inchaço e obstipação. Ocorrendo mais frequentemente com o envelhecimento (Miszputen, 2008), a obstipação, um sintoma de distúrbio gastrointestinal funcional (D'Souza, 2007), tem uma etiologia multifatorial, incluindo imobilidade forçada, respostas auto-imunes, influxo microbiano, doença inflamatória intestinal, uma mudança de dieta ou uma dieta desequilibrada e algumas formas de medicação (incluindo analgésicos, antibióticos e quimioterapêuticos) (Tiihonen et al., 2008).

Um estudo realizado por Donaldson et al. (2014) teve como objetivo medir a taxa de hidrólise da proteína com e sem a protease do kiwi, variando as condições in vitro que simulam a digestão gástrica e duodenal para testar a hipótese de que o consumo de kiwi com uma refeição pode aumentar a taxa e a extensão da hidrólise da proteína; uma medida da eficiência da digestão da proteína.

Concluiu-se que o consumo de kiwis com uma refeição pode aumentar a taxa de hidrólise das proteínas, nomeadamente se o pH gástrico estiver anormalmente elevado, o que pode explicar a forma como o kiwis alivia o distúrbio gastrointestinal funcional (Donaldson et al., 2014).

Prisão de ventre

Ensaios clínicos anteriores mostraram que a função intestinal é melhorada através do consumo de kiwis inteiros *(Actinidia deliciosa).* Tem sido postulado que tanto o fruto inteiro como extractos específicos do fruto podem ajudar a manter uma função intestinal saudável se consumidos regularmente como parte da dieta habitual. Ensaios clínicos demonstraram que o kiwi verde, quando administrado como fruto inteiro, pode melhorar vários parâmetros de laxação em adultos que relatam um historial de obstipação, ou SII associada à obstipação (Rush et al., 2002; Chan et al., 2007; Chang et al., 2010).

Os efeitos positivos da toma de suplementos incluem o aumento da frequência e da facilidade de evacuação, e o aumento do volume e da suavidade das fezes. Além disso, num estudo recente conduzido por Udani e Bloom, verificou-se que um extrato de kiwis também tinha um efeito positivo nas fezes9 quando adultos com prisão de ventre, mas saudáveis, receberam uma dose elevada de 5,5 g/dia de um pó seco de kiwis verde comercial (pó de Kivia), diluído com água numa bebida de fruta. Além disso, um ensaio de extrato de kiwis encapsulado não aleatório, não controlado e não misturado, realizado no Japão, também indicou uma melhoria da função intestinal em participantes idosos (Uebaba et al., 2009).

Há uma série de mecanismos propostos para estes efeitos gastrointestinais (GI) melhorados, incluindo a ação da actinidina, uma enzima proteolítica dentro da classe das tiol-proteases presentes apenas no kiwi verde; presença de fibra solúvel com elevada capacidade de retenção de água na parede celular (Harris e Ferguson, 1993) e elevada viscosidade; e elevados níveis de hidratos de carbono prebióticos (CHO), tais como o oligossacárido inulina, para além de fenólicos prebióticos. Estudos *in vitro* sobre a actinidina derivada do kiwi confirmaram que a atividade enzimática é mantida após a extração de isolados de todo o kiwi (Kaur et al, 2010) e estudos com roedores também demonstraram uma hidrólise gástrica melhorada de proteínas alimentares na presença desta enzima (Rutherfurd et al., 2013).

Várias empresas comerciais utilizam o extrato de kiwi nos seus produtos de marca, vendidos em lojas de produtos naturais e outros estabelecimentos comerciais. Os suplementos de fibras solúveis derivadas do kiwi e o extrato de kiwi encapsulado são normalmente propostos para *"regular a função intestinal"*. Um exemplo de uma dose recomendada destes extractos é de 500 mg/dia, tomados em doses divididas de 250 mg de manhã e à noite (Kindleysides et al., 2015).

Úlceras gástricas

O estômago humano contém inúmeros músculos que efectuam o processo de digestão e transformam as diferentes formas de alimentos em fluidos digestivos, que são a pepsina e o ácido clorídrico. Estes fluidos fazem com que os alimentos sejam digeridos no estômago. Para o conseguir, vários órgãos integram-se entre si, incluindo o sistema nervoso central (SNC) e os sistemas hormonais. A úlcera no estômago pode ser o resultado da disparidade dos fluidos digestivos (Hoogerwerf, 2001).

A produção excessiva de pepsina ou de ácido clorídrico pode prejudicar o revestimento do estômago e provocar úlceras no estômago. Todos os anos, 4 milhões de pessoas são diagnosticadas com esta doença. Estima-se que 6000 pessoas morrem todos os anos devido às complicações associadas à úlcera gástrica. Anualmente, 40 000 pessoas são submetidas a cirurgia para obter alívio dos sintomas persistentes da úlcera. Estima-se que 15.000 mortes ocorram em consequência da úlcera gástrica. A indústria farmacêutica indiana de medicamentos antiácidos e anti-úlceras representa 6,2 mil milhões de rupias e ocupa 4,3% da quota de mercado (Jaikumar, 2010) . Duas abordagens principais para o tratamento da úlcera péptica incluem: a redução da produção de fluido gástrico e o reforço da proteção da mucosa gástrica (Valle, 2005).

As úlceras são definidas como uma rutura na mucosa do trato alimentar, que se estende através da muscularis mucosa até à submucosa ou mais profundamente (mayoclinic.com, 2011) . O ulcus pepticum ou PUD ou úlcera péptica é uma lesão crónica e, na maioria das vezes, solitária, que pode ser definida como uma erosão da mucosa igual ou superior a 0,5 cm de uma área do trato gastrointestinal (principalmente estômago e duodeno), geralmente ácida e extremamente dolorosa (Vakil, 2010; Chan, 2010).

Os tipos de úlceras incluem: úlcera gástrica (estômago), úlcera duodenal (duodeno), úlcera esofágica (esófago) e úlcera do divertículo de Meckel (divertículo de Meckel)

Devem ser consumidos muitos legumes ricos em beta-caroteno, fruta que contenha vitamina C, alimentos ricos em zinco, como cereais integrais e frutos do mar (ostras). A ingestão de mais legumes e fruta, como cenouras, couves, pimentos vermelhos e verdes, citrinos, alperces e kiwis, pode promover a cicatrização das úlceras pépticas e proteger contra danos adicionais na parede intestinal. Os nutrientes úteis nestes alimentos são o 0-caroteno, que o corpo converte em vitamina A e C. Os alimentos ricos em zinco, como os cereais integrais e o marisco, também podem ajudar no processo de cicatrização. Os ácidos gordos essenciais (encontrados nos óleos de peixe e de sementes) podem ajudar a proteger contra as úlceras, aumentando a produção de prostaglandlinas (um grupo de compostos, cuja função é proteger o revestimento do canal alimentar) (Azim e Lakshmi, 2013).

A ingestão de sal, molho de soja, alimentos picantes e cafeína no café, chá, bebidas à base de cola e álcool deve ser reduzida. As grandes refeições devem ser evitadas, uma vez que podem incentivar a produção de ácido em excesso. Os doentes podem também achar que a malagueta, a pimenta preta, a mostarda e outras especiarias fortes, como as que se encontram nos caris, podem agravar os seus sintomas (Reader" s Digest, 1996).

As plantas medicinais constituem a espinha dorsal dos sistemas tradicionais de medicina na Índia. Os fitoquímicos das plantas medicinais servem como compostos principais na descoberta e conceção de medicamentos. As plantas medicinais são uma fonte rica de novos fármacos que constituem os ingredientes dos sistemas tradicionais de medicina, medicamentos modernos, nutracêuticos, suplementos alimentares, medicamentos populares, produtos farmacêuticos intermédios, princípios bioactivos e compostos principais em medicamentos sintéticos. A OMS salientou que mais de 80% da população mundial depende das plantas para satisfazer as suas necessidades de cuidados de saúde primários. A Índia é um dos 12 países com maior diversidade do mundo, pelo que tem um interesse vital na conservação e utilização sustentável dos seus recursos de biodiversidade. Os extractos de plantas são algumas das fontes mais atractivas de novos medicamentos e têm demonstrado resultados promissores no tratamento da úlcera gástrica. Até à data, foram identificados como agentes anti-úlcera cerca de 240 plantas medicinais e 21 compostos à base de plantas (shodhganga.inflibnet.ac.in, 2011).

Os tratamentos médicos são eficazes para algumas pessoas, mas não para todas. Provocam muitos efeitos secundários supérfluos e agravam os sintomas. Se os médicos continuarem a prescrever os mesmos antibióticos, a resistência da H. pylori continuará a aumentar e os medicamentos tornar-se-ão menos eficazes. Para minimizar os efeitos secundários, a melhor opção são os medicamentos potentes à base de plantas que podem erradicar todos os vestígios de H. pylori. (Azim e Lakshmi, 2013).

Referências

"Alergia - Alergia a frutas e vegetais | Rede de hospitais infantis de Sydney". www.schn.health.nsw.gov.au. Recuperado em 2015-10-15.

"Kiwi". O Guia Alimentar do Reino Unido. Recuperado em 4 de janeiro de 2013.

"Kiwi, (groselha chinesa), fresco, cru". Dados nutricionais próprios. Recuperado em 4 de janeiro de 2013.

"Kiwis: Nutrição-Seleção-Armazenamento". Fundação Produce for Better Health. 2015. Recuperado em 4 de janeiro de 2013.

"Dados nutricionais para 09148, Kiwis, verdes, crus". Base de dados nacional de nutrientes do USDA. 2012. Recuperado em 16 de dezembro de 2012.

"A Turners introduz o seu kiwi vermelho Enza - cultivado na China". National Business Review. 24 de fevereiro de 2010. Recuperado em 4 de janeiro de 2013.

Ali W S, Al-Firdous F A. Effect of Consumption of Kiwi Fruit on Potassium Bromate Induced Oxidative Stress In Rats (Efeito do Consumo de Kiwi no Stress Oxidativo Induzido por Bromato de Potássio em Ratos). Jornal Australiano de Ciências Básicas e Aplicadas, 6(3): 519-524, 2012 ISSN 1991-8178.

Arlt VM, Stiborova M, Schmeiser HH (2002) O ácido aristolóquico como provável risco de cancro humano em remédios à base de plantas: uma revisão. Mutagénese 17: 265-277.

Astani A, Reichling J, Schnitzler P (2010) Estudo comparativo sobre a atividade antiviral de monoterpenos seleccionados derivados de óleos essenciais. Phytother Res 24: 673-679.

Astani A, Reichling J, Schnitzler P (2012) Rastreio de Actividades Antivirais de Compostos Isolados de Óleos Essenciais. Complemento baseado em evidências Alternat Med.

Bamberger D, Jantzer N, Leidner K, Arend J, Efferth T (2011) Fighting mycobacterial infections by antibiotics, phytochemicals and vaccines. Microbes Infect 13: 613-623.

Bechtle M, Chen S, Efferth T (2010) Doenças negligenciadas causadas por infecções bacterianas. Curr Med Chem 17: 42-60.

Berger M (2006) Traditional medicine: a clear and present danger? South African J Sci 102: 178-179.

Bjelakovic, G., Nikolova, D., Gluud, L.L., Simonetti, R.G., e Gluud, C., 2007. Mortalidade em ensaios aleatórios

Block, G., Patterson, B., e Subar, A., 1992. Fruit, vegetables and cancer prevention: A review of the epidemiological evidence. Nutr. Cancer 18: 1-29.

Bub, A., Watzl, B., Blockhaus, M., Briviba, K., Liegibel, U., Muller, H., Pool-Zobel, B.L., e Rechkemmer, G., 2003. Fruit juice consumption modulates antioxidative status, immune status and DNA damage. J. Nutr. Biochem. 14: 90-98.

Chan AOO, Leung G, Tong T, Wong NYH. O aumento da ingestão de fibra alimentar em termos de kiwis melhora a obstipação em pacientes chineses. World J Gastroenterol. 2007;13:4771-5.

Chan FK (2010). Tratamento da úlcera péptica. Em: Feldman M, et al. Sleisenger & Fordtran's Gastrointestinal and Liver Disease: Pathophysiology, Diagnosis, Management. 9th ed. Saunders Elsevier, Philadelphia.

Chang CC, Lin YT, Lu YT, Liu YS, Liu JF. O kiwi melhora a função intestinal em pacientes com síndrome do intestino irritável com obstipação. Asia Pac J Clin Nutr. 2010;19: 451-7.

Chaurasia, Madhuri e Gaba, Ritu (2014).Kiwi: uma fruta ou um remédio.Res. News For U.,17: 203-204.Keith Singletary (2012).Kiwis: Visão geral dos potenciais benefícios para a saúde.Nutrition Today,47: 133-147.

D'Souza, A.L. O envelhecimento e o intestino. Pós-graduação. Med. J. 2007, 83, 44-53.

Daulatzai MA. A síndrome do intestino funcional crônico aumenta a disfunção do eixo intestino-cérebro, neuroinflamação, comprometimento cognitivo e vulnerabilidade à demência. Neurochem Res. 2014:39;624-44. doi: 10.1007/s11064-014- 1266-6.

Diplock, A.T., Charleux, J-L., Crozier-Willi, G., Kok, F.J., Rice-Evans, C., Roberfroid, M., Stahl, W., e Vina-Ribes, J., 2003. Ciência dos alimentos funcionais e defesa contra as espécies reactivas de oxigénio. Brit. J. Nutr. 80: S77-S112.

Donaldson B, Rush E, Young O, Winger R. A variação do pH gástrico pode determinar o efeito do kiwi na perturbação gastrointestinal funcional: Um estudo in vitro. Nutrientes 2014, 6, 1488-1500; doi: 10.3390 / nu6041488

Efferth T (2006) Molecular pharmacology and pharmacogenomics of artemisinin and its derivatives in cancer cells. Curr Drug Targets 7: 407-421.

Efferth T (2008) Biologia farmacêutica da medicina tradicional chinesa para a terapia do cancro. In: M Eddouks (Ed.). Handbook of Ethnopharmacology, Research Signpost, Kerala, Índia.

Efferth T (2010a) Terapia do cancro com produtos naturais e plantas medicinais. Planta Med 76: 1035-1036.

Efferth T (2010b) Personalized cancer medicine: from molecular diagnostics to targeted therapy with natural products. Planta Med 76: 1143-1154.

Efferth T (2011) Perspectivas para medicamentos naturais globalizados. Chin J Nat Med 9: 16.

Efferth T, Fu YJ, Zu YG, Schwarz G, Konkimalla VS, et al. (2007a) Molecular target-guided tumor therapy with natural products derived from traditional Chinese medicine. Curr Med Chem 14: 2024-2032.

Efferth T, Herrmann F, Tahrani A, Wink M (2011) Atividade citotóxica de metabolitos secundários derivados de Artemisia annua L. contra células cancerígenas em comparação com o seu constituinte ativo designado artemisinina. Phytomedicine 18: 959-969.

Efferth T, Kahl S, Paulus K, Adams M, Rauh R, et al. (2008) Fitoquímica e farmacogenómica de produtos naturais derivados da medicina tradicional chinesa e da matéria médica chinesa com atividade contra células tumorais. Mol Cancer Ther 7: 152-161.

Efferth T, Kaina B (2010) Toxicidade do antimalárico artemisinina e seus derivados. Crit Rev Toxicol 40: 405-421.

Efferth T, Kaina B (2011) Toxicidades dos medicamentos à base de plantas com ênfase na medicina tradicional chinesa. Curr Drug Metab 12: 989-996.

Efferth T, Koch E (2011) Interacções complexas entre fitoquímicos. O conceito terapêutico multialvo da fitoterapia. Curr Drug Targets 12: 122-132.

Efferth T, Li PC, Konkimalla VS, Kaina B (2007b) From traditional Chinese medicine to rational cancer therapy. Trends Mol Med 13: 353-361.

Efferth T, Miyachi H, Bartsch H (2007a) Pharmacogenomics of a traditional Japanese herbal medicine (Kampo) for cancer therapy. Cancer Genomics Proteomics 4: 81-91.

Eichhorn T, Greten HJ, Efferth T (2012) Toxicogenómica preditiva para fitoterapia. In: Shyur L-F (Ed.) Tendências recentes na investigação sobre plantas medicinais. Elsevier, Oxford, Reino Unido (no prelo).

Ferguson, A. R. (1999). "Novos frutos de clima temperado: Actinidia chinensis e Actinidia deliciosa" (PDF). Em Janick, Jules. Perspectivas de novas culturas e novas utilizações. Alexandria, Virgínia: ASHS Press. pp. 342-347.

Food Chem. 2011;129:1681-9. doi: 10.1016/j.foodchem.2011.06.031.

Fu Y, Li S, Zu Y, Yang G, Yang Z, et al. (2009) Química medicinal do paclitaxel e dos seus análogos. Curr Med Chem 16: 3966-3985.

Garcia-Alonso, J., Ros, G., Vidal-Guevara, M.L., e Periago, M.J., 2006. A ingestão aguda de sumo rico em fenólicos melhora o estado antioxidante em indivíduos saudáveis. Nutr. Res. 26: 330-339.

Gehrig S, Efferth T (2008) Desenvolvimento da resistência aos medicamentos em Trypanosoma brucei rhodesiense e Trypanosoma brucei gambiense. Treatment of human African trypanosomiasis with natural products (Review). Int J Mol Med 22: 411-419.

Gehrig S, Efferth T (2009) Desenvolvimento de resistência a medicamentos em Trichomonas vaginalis e sua superação com produtos naturais. Jornal Aberto dos Compostos Bioactivos 2: 21-28.

Goldberg, J., Flowerdew, G., Smith, E., Brody, J.A., e Tso, M.O.M., 1988. Factores associados à degenerescência macular relacionada com a idade: An analysis of data from the fi rst national health and nutrition examination survey. Am. J. Epidemiol. 128:

700-710.

Goudarzi I, Lashkarbolouki T, Khorshidi M, Ghorbanian M. (2015). Efeito do curativo de feridas com kiwis frescos na cicatrização de feridas cutâneas em ratos. Revista Zahedan de Pesquisa em Ciências Médicas. 17. . 10.5812/zjrms.1274.

Hancock, R.D., McDougall, G.J., e Stewart, D., 2007. Frutos silvestres como "superalimento": esperança ou exagero? The Biologist 54: 73-79.

Harris PJ, Ferguson LR. Dietary fibre: its composition and role in protection against colorectal cancer. Mutat Res-Fund Mol M. 1993;290:97-110. doi: 10.1016/0027-5107(93)9003 7-G.

Henderson, L., Gregory, J., e Swan, G., 2002. The National Diet and Nutrition Survey: Adults Aged 19 to 64 Years. Londres: HMSO.

Heubl G (2010) Novos aspectos da autenticação de plantas medicinais chinesas com base no ADN através de técnicas de biologia molecular. Planta Med 76: 1963-1974.

Hoogerwerf WA, Pasricha PJ (2001). Agentes utilizados no controlo da acidez gástrica e no tratamento das úlceras pépticas e da doença do refluxo gastroesofágico. In: Hardman JG, Limbird LE, Goodman Gilman A, editores. Goodman and Gilman The Pharmacological Basis of Therapeutics. (10ª ed.). Mc Graw Hill, Nova Iorque, pp.1005-1019.

Huang, H.; Ferguson, A. R. (2003). "Plantações e produção de kiwis (Actinidia chinesis e A. deliciosa) na China, 2002". New Zealand Journal of Crop and Horticultural Science. **31** (3): 197-202. doi:10.1080/01140671.2003.9514253

Huffman MA (2003) Animal self-medication and ethno-medicine: exploration and exploitation of the medicinal properties of plants. Proc Nutr Soc 62: 371-381.

Hupfeld J, Efferth T (2009) Revisão. Resistência a medicamentos do vírus da imunodeficiência humana e sua superação por produtos naturais. In Vivo 23: 1-6.

Hur MH, Lee MS, Kim C, Ernst E (2012) Aromaterapia para o tratamento da hipertensão: uma revisão sistemática. J Eval Clin Pract 18: 37-41.

Jaikumar S, Ramaswamy S, Asokan BR, Mohan T, Gnanavel M (2010). Atividade anti-úlcera do extrato metanólico de Jatropha curcas (Linn.) em lesões gástricas induzidas por aspirina em ratos de estirpe Wistar. Res. J. Pharm. Bio. Chem. Sci. 1:886.

Kandasamy P, Shanmugapriy C. Medicinal and Nutritional Characteristics of Fruits in Human Health (Características Medicinais e Nutricionais dos Frutos na Saúde Humana). Jornal de Estudos de Plantas Medicinais. 2015; 4(4): 124-131.

Kaur L, Rutherfurd SM, Moughan PJ, Drummond L, Boland MJ. Actinidin enhances gastric protein digestion as assessed using an in vitro gastric digestion model. J Agric Food Chem. 2010; 58:5068-73. doi: 10.1021/jf903332a.

Kim M, Kim SC, Song KJ, Kim HB, Kim IJ, Song EY, Chun SJ (setembro de 2010). "Transformação de genes biossintéticos de carotenóides utilizando um método de secção micro-cruzada em kiwis (Actinidia deliciosa cv. Hayward)". Relatórios de células vegetais. **29** (12): 1339- 1349. PMID 20842364. doi:10.1007/s00299-010-0920-y.

Kober M, Pohl K, Efferth T (2008) Mecanismos moleculares subjacentes às interacções medicamentosas com a erva de São João. Curr Drug Metab 9: 1027-1037.

Koehn FE, Carter GT (2005) The evolving role of natural products in drug discovery. Nat Rev Drug Discov 4: 206-220.

Konkimalla VB, Efferth T (2010) Mecanismos e interacções moleculares responsáveis pela radio e quimiorresistência dos tumores e sua modulação por produtos naturais da Ayurveda In: R. Arora (Ed.) Herbal medicine. A cancer chemopreventive and therapeutic perspective. Jaypee Brothers Medical Publishers Pvt. Ltd, Nova Deli, St. Louis (EUA).

Kraft TE, Parisotto D, Schempp C, Efferth T (2009) Fighting cancer with red wine? Mecanismos moleculares do resveratrol. Crit Rev Food Sci Nutr 49: 782-799.

Kuete V, Efferth T (2010) Cameroonian medicinal plants: pharmacology and derived natural products. Front Pharmacol 1: 123.

Kuete V, Efferth T (2011) Pharmacogenomics of Cameroonian traditional herbal medicine for cancer therapy. J Ethnopharmacol 137: 752-766.

Kuete V, Ngameni B, Wiench B, Krusche B, Horwedel C, et al. (2011a) Citotoxicidade e modo de ação de quatro flavonóides naturais do género dorstenia: gancaonina q, 4-

hidroxylonchocarpina, 6-prenilapigenina e 6,8-diprenyleriodictyol. Planta Med 77: 1984-1989.

Kuete V, Wiench B, Hegazy ME, Mohamed TA, Fankam AG, et al. (2011b) Atividade Antibacteriana e Citotoxicidade de Plantas Medicinais Egípcias Seleccionadas. Planta Med.

La Vecchia, C., Decarli, A., e Pagano, R., 1998. Consumo de vegetais e risco de doenças crónicas. Epidemiology 9: 208-210.

Le TM, et al. (2013). "Alergia a kiwis em toda a Europa: manifestação clínica e padrões de reconhecimento de IgE para alérgenos de kiwis". Jornal de Alergia e Imunologia Clínica. **131** (1): 164-171. PMID 23141741. doi:10.1016/j.jaci.2012.09.009.

Lee YL, Wu Y, Tsang HW, Leung AY, Cheung WM (2011) Uma revisão sistemática sobre os efeitos ansiolíticos da aromaterapia em pessoas com sintomas de ansiedade. J Altern Complement Med 17: 101-108.

Li JWH, Vederas JC (2009) Drug discovery and natural products: end of an era or an endless frontier? Science 325: 161-165.

Lucas, J.S.; Lewis, S.A.; Hourihane, J.O. (2003). "Alergia ao kiwi: uma revisão". Pediatr Allergy Immunol. **14** (6): 420 -428. PMID 14675467. doi:10.1046/j.0905-6157.2003.00095.x.

Mahady GB (2001) Harmonização global das alegações de saúde à base de plantas. J Nutr 131: 1120S- 1123S.

Maillar, C. (1998). O kiwi, rico em vitaminas C e E e também em potássio. Servir maio-1998Jun30; 46(3):160. 1998. PMID: 13380.

Malagelada, C.; Malagelada, J.-R. O intestino disfuncional. Curr. Gastroenterol. Rep. **2010**, 12, 242-248.

Mares-Perlman, J., Brady, W.E., Klein, B.E., Klein, R., Haus, G.J., Palta, M., Ritter, L.L., e Shoff, S.M., 1995. Diet and nuclear lens opacities (Dieta e opacidades nucleares do cristalino). Am. J. Epidemiol. 141: 322-334.

McGhie, T.K., Walton, M.C., Barnett, L.E., Vather, R., Martin, H., Au, J., Alspach, P.A., Booth, C.L., e Kruger, M.C., 2007. As bebidas de Boysenberry e groselha preta aumentaram a capacidade antioxidante do plasma numa população idosa, mas tiveram pouco efeito noutros marcadores de stress oxidativo. J. Sci. Food Agric. 87: 2519-2527.

Middlemiss C, MC Kruger, CL Booth. 2014. Isoflavonas e kiwis verdes: Um estudo piloto que avalia os efeitos sobre a renovação óssea e o perfil lipídico em mulheres neozelandesas saudáveis na pós-menopausa.

Miszputen, S.J. Constipação intestinal em mulheres. Rev. Bras. Med. **2008**, 65, 169-173.

Montefiori, M., Mc Ghie, T.K., Costa, G. e Ferguson, A.R. (2005). Pigmentos no fruto de kiwis de polpa vermelha (Actinidia chinensis e Actinidiadeliciosa). J. Agric. Food Chem, 53: 9526-9530.

Morton J (2011). "Kiwis: Actinidia deliciosa In: Frutas de climas quentes, 1987". Centro de Novas Culturas e Produtos Vegetais da Universidade Purdue. Recuperado em 8 de abril de 2014.

Morton, J., Julia F. Morton e Miami, FL. (1987).Frutas de climas quentes. Kiwis. p. 293-300.

Motohashi, N. (2002). Prevenção do cancro e terapia com kiwis na medicina folclórica chinesa: um estudo de extractos de kiwis. J. Ethnopharmacol, 81 (3) : 357-364.

Motohashi, N. (2002). Prevenção do cancro e terapia com kiwis na medicina folclórica chinesa: um estudo de extractos de kiwis. J. Ethnopharmacol., 81 (3) : 357-364.

Müllner A, Helfer A, Kotlyar D, Oswald J, Efferth T (2011) Química e farmacologia das doenças helmínticas negligenciadas. Curr Med Chem 18: 767-789.

Nagib RM. Efeitos Combinados da Metionina e do Kiwi na Lesão Hepática Induzida pelo Paracetamol. Revista Mundial de Ciências Médicas 9 (1): 01-07, 2013

Ness, A.R. e Powles, J.W., 1997. Fruit and vegetables, and cardiovascular disease: A review. Int. J. Epidemiol. 26: 1-13.

Netzel, M., Strass, G., Kaul, C., Bitsch, I., Dietrich, H., e Bitsch, R., 2002. Capacidade antioxidante in vivo de um sumo de bagas composto. Food Res. Int. 35: 213-216.

Newman DJ, Cragg GM (2007) Natural products as sources of new drugs over the last 25 years. J Nat Prod 70: 461-477.

Nortier JL, Martinez MC, Schmeiser HH, Arlt VM, Bieler CA, et al. (2000) Carcinoma urotelial associado à utilização de uma erva chinesa (Aristolochia fangchi). N Engl J Med 342: 1686-1692.

Nussbaum K, Honek J, Cadmus CM, Efferth T (2010) Parasitas tripanosomatídeos que causam doenças negligenciadas. Curr Med Chem 17: 1594-1617.

de suplementos antioxidantes para prevenção primária e secundária. Revisão sistemática e meta-análise. J. Am. Med. Assoc. 297: 842-857.

Pohlit AM, Lopes NP, Gama RA, Tadei WP, Neto VF (2011) Literatura de patentes sobre invenções de repelentes de mosquitos que contêm óleos essenciais de plantas - uma revisão. Planta Med 77: 598-617.

Polonio T, Efferth T (2008) Leishmaniasis: drug resistance and natural products (review). Int J Mol Med 22: 277-286.

Raskin I, Ripoll C (2004) Can an apple a day keep the doctor away? Curr Pharm Des 10: 3419-3429.

Reader's Digest (1996). Foods that harm & foods that heal- An A-Z guide to safe and Healthy eating-The reader's digest association limited, New York, pp:245,270, 271.

Reichling J, Schnitzler P, Suschke U, Sailer R (2009) Óleos essenciais de plantas aromáticas com propriedades antibacterianas, antifúngicas, antivirais e citotóxicas - uma visão geral. Forsch Komplementmed 16: 79-90.

Ristow, M., Zarse, K., Oberbach, A., Kloting, N., Birringer, M., Kiehntopf, M., Stumvoli, M., Kahn, C.R., e Bluher, M., 2009. Antioxidants prevent healthpromoting effects of physical exercise in humans. Proc. Natl. Acad. Sci. USA 106: 8665-8670.

Romero MR, Serrano MA, Efferth T, Alvarez M, Marin JJ (2007) Effect of cantharidin, cephalotaxine and homoharringtonine on "in vitro" models of hepatitis B virus (HBV) and bovine viral diarrhoea virus (BVDV) replication. Planta Med 73: 552-558.

Rush EC, Patel M, Plank LD, Ferguson LR. O kiwi promove a laxação nos idosos. Asia Pac J Clin Nutr. 2002; 11:164-8. doi: 10.1046/j.1440-6047.2002.00287.

Rutherfurd SM, Montoya CA, Zou ML, Moughan PJ, Drummond LN, Boland MJ. Effect of actinidin from kiwis (Actinidia deliciosa cv. Hayward) on the digestion of food proteins determined in the growing rat.

Saklani A, Kutty SK (2008) Compostos derivados de plantas em ensaios clínicos. Drug Discov Today 13: 161-171.

Schleich K, Nürnberger C, Sobanski A, Efferth T (2011) Vacinação e tratamento antiviral de doenças negligenciadas causadas por infecções flavivirais. Curr Med Chem 18: 604-614.

Schmidt BM, Ribnicky DM, Lipsky PE, Raskin I (2007) Revisiting the ancient concept of botanical therapeutics. Nat Chem Biol 3: 360-366.

Schmidt FMQ, De Gouveia Santos VLC. Prevalência de constipação na população adulta geral: uma revisão integrativa. J Wound Ostomy Continence Nurs. 2014; 41:70-6. doi: 10.1097/01.W0N.0000438019.21229.b7.

Selman, C., McLaren, J.S., Meyer, C., Duncan, J.S., Redman, P., Collins, A.R., Duthie, G., e Speakman, J.R., 2006. Life-long vitamin C supplementation in combination with cold exposure does not affect oxidative damage or lifespan in mice, but decreases expression of antioxidant protection genes. Mech. Ageing Develop. 127: 897-904.

Sertel S, Eichhorn T, Plinkert PK, Efferth T (2011a) Citotoxicidade do óleo essencial de Thymus vulgaris para o carcinoma de células escamosas da cavidade oral humana. Anticancer Res 31: 81-87.

Sertel S, Eichhorn T, Plinkert PK, Efferth T (2011b) Composição química e atividade antiproliferativa do óleo essencial das folhas de uma erva medicinal, Levisticum officinale, contra células de carcinoma escamoso da cabeça e pescoço UMSCC1. Anticancer Res 31: 185-191.

Sertel S, Eichhorn T, Simon CH, Plinkert PK, Johnson SW, et al. (2010) Identificação farmacogenómica de genes regulados por c-Myc/Max associados à citotoxicidade do artesunato em linhas celulares de cancro do cólon, ovário e pulmão humano. Molecules 15: 2886-2910.

Sertel S, Fu Y, Zu Y, Rebacz B, Konkimalla B, et al. (2011) Docagem molecular e farmacogenómica dos alcalóides da vinca e dos seus precursores monoméricos, a vindolina e a catarantina. Biochem Pharmacol 81: 723-735.

Setzer WN (2009) Essential oils and anxiolytic aromatherapy (Óleos essenciais e aromaterapia ansiolítica). Nat Prod Commun 4: 1305-1316.

Shaheen NJ, Hansen RA, Morgan DR, Gangarosa LM, Ringel Y, Thiny MT, Russo MW, Sandler RS. The burden of gastrointestinal and liver diseases, 2006. Am J Gastroenterol. 2006;101:2128-38. doi: 10.1111/j.1572-0241. 2006.00723.x.

Smith CA, Collins CT, Crowther CA (2011) Aromaterapia para a gestão da dor no trabalho de parto. Base de dados Cochrane Syst Rev 6 : CD009215.

Sommerburg O, Keunen JE, Bird AC, van Kuijk FJ (agosto de 1998). "Frutas e legumes que são fontes de luteína e zeaxantina: o pigmento macular nos olhos humanos". British Journal of Ophthalmology. **82** (8): 907 -910. PMC 1722697 3. PMID 9828775. doi:10.1136/bjo.82.8.907.

Stevenson, D.E. e Hurst, R.D., 2007. Polyphenolic phytochemicals-just antioxidants or much more? Cell. Mol. Life Sci. 64: 2900-2916.

Stoeva S, T Efferth T (2008) Citomegalovírus humano: Resistência aos medicamentos e novas opções de tratamento com produtos naturais. Relatórios de Medicina Molecular 1: 781-785.

Sudakin DL (2003) Biopesticides. Toxicol Rev 22: 83-90.

Svendsen M1, Tonstad S, Heggen E, Pedersen TR, Seljeflot I, Bohn SK, Bastani NE, Blomhoff R, Holme IM, Klemsdal TO. O efeito do consumo de kiwis na pressão arterial em indivíduos com pressão arterial moderadamente elevada: um estudo aleatório e controlado. Blood Press. 2015 Feb; 24 (1): 48-54. doi: 10.3109 / 08037051.2014.976979. Epub 2014 Dec 8.

Szeto, Y.T., Tomlinson, B. and Benzie, I.F. (2002).Total antioxidant and ascorbic acid content of fresh fruitsand vegetables: implications for dietary planning and foodpreservation.Br. J. Nutr.,87: 55-59

Talley NJ. Definições, epidemiologia e impacto da obstipação crónica. Rev gastroenterol di. 2004;4 Suppl 2:S3-10.

Tiihonen, K.; Tynkkynen, S.; Ouwehand, A.; Ahlroos, T.; Rautonen, N. The effect of ageing with and without non-steroidal anti-inflammatory drugs on gastrointestinal microbiology and immunology. Br. J. Nutr. **2008**, 100, 130-137.

Tillett J, Ames D (2010) The uses of aromatherapy in women's health (As utilizações da aromaterapia na saúde da mulher). J Perinat Neonatal Nurs 24: 238-245.

Tousen Y, Wolber F M., Chua W, Tadaishi M, Ishimi Y, Kruger M C.. Effects of daidzein and kiwifruit on bone mineral density and equol production in ovariectomised rats. Jornal Internacional de Ciências Alimentares e Nutrição Vol. 65, Iss. 3,2014

Turschner S, Efferth T (2009) Drug resistance in Plasmodium: natural products in the fight against malaria. Mini Rev Med Chem 9: 206-2124.

Tyagi S, Nanher A H, Sanjay Sahay, Vikash Kumar, Kanchan Bhamini, Subodh Kumar Nishad e Mukhtar Ahmad. Kiwis : Benefícios para a saúde e importância medicinal. Rashtriya Krishi | Vol. 10 (2)| Dez., 2015.

Udani JK, Bloom DW. Efeitos do pó de kivia na saúde intestinal em pacientes com constipação ocasional: um estudo randomizado, duplo-cego e controlado por placebo. Nutr J. 2013;12:78. doi: 10.1186/1475-2891-12-78.

Uebaba K, Urata T, Suzuki N, Arai T, Strong J, Oono S, Hayashi H. Efeitos laxantes suaves e de melhoria da qualidade de vida do extrato de kiwi nos idosos. Jpn J Complement Altern Med. 2009;6:97-103. doi: 10.1625/jcam.6.97.

Vakil N (2010). Doença da úlcera péptica. Em: Feldman M, Lawrence SF, Lawrence JB. Sleisenger & Fordtran's liver gastrointestinal and Disease: Pathophysiology, Diagnosis Management. 9th . ed. Saunders Elsevier, Philadelphia.

Valle DL (2005). Doenças da úlcera péptica e afecções relacionadas. In: Braunwald E, Fauci AS, Kasper DL, Hauser SL, Longo DL, Jameson JL, editores. Harrison's principles of internal medicine. 16th ed.

van Wyk BE, Wink M (2004) Medicinal plants of the world. Pretória, Briza.

Wagner H, Ulrich-Merzenich G (2009) Synergy research: approaching a new generation of phytopharmaceuticals. Fitomedicina 16: 97-110.

Ward, C; Courtney, D (2013). "Kiwis: ocupando seu lugar na fruteira global". Avanços na Pesquisa em Alimentos e Nutrição. **68**: 1 -14. PMID 23394979. doi:10.1016/B978-0-12-394294-4.00001-8.

Waters MD, Fostel JM (2004) Toxicogenomics and systems toxicology: aims and prospects. Nat Rev Genet 5: 936-948.

Winge K, Rasmussen D, Werdelin LM. Prisão de ventre em doenças neurológicas. J Neurol Neurosurg Psychiatry. 2003; 74:13-9. doi: 10.1136/jnnp.74.1.13.

Wohlfarth C, Efferth T (2009) Natural products as promising drug candidates for the treatment of hepatitis B and C. Ata Pharmacol Sin 30: 25-30.

Wonyoung Kang, Heekyoung Yang, Hyun Ju Hong, Chang Hoon Han, Young Jae Lee. Actividades anti-oxidantes do extrato de kiwi na lesão hepática induzida por tetracloreto de carbono em ratos. Korean J Vet Res (2012) 52(4): 270~280.Yamazaki, M., H. Ued e S. Yui, 2000. Função antioxidante do kiwi e danos oxidativos no hospedeiro. Biol. Ind., 17: 24-31.

Yang, Hong-Li; Wang, Yan-Chang; Jiang, Zheng-Wang; Huang, Hong-Wen (2009). "[Construção de biblioteca de cDNA de kiwis 'Hongyang' e análise da expressão de F3H]". Yi Chuan (em chinês). **31** (12): 1265 -1272. PMID 20042395. doi:10.3724/SP.J.1005.2009.

Yim VW, Ng AK, Tsang HW, Leung AY (2009) Uma revisão dos efeitos da aromaterapia em doentes com sintomas depressivos. J Altern Complement Med 15: 187-195.

Youns M, Hoheisel JD, Efferth T (2010) Toxicogenómica para a previsão da toxicidade relacionada com ervas da medicina tradicional chinesa. Planta Med 76: 20192025.

MIX
Papier aus verantwortungsvollen Quellen
Paper from responsible sources
FSC® C105338

Printed by Books on Demand GmbH, Norderstedt / Germany